超能编程队

猿编程童书 —————— 著

3
集合啦，
编程小队

U0183273

云南出版集团

云南美术出版社

果麦文化　出品

欢迎来到奇妙小学

加载……

60%

皮仔　年龄：9岁

身份： 奇妙小学三年二班学生，编程小队灵感担当。

特征： 外号搞怪侠，喜欢调皮捣蛋。

爱好： 看漫画、打游戏、给同学讲奇异故事，最喜欢的书是《世界奇异故事大全》。

梦想： 改变自己的人生词云，成为编程发明家。

口头禅： 你猜怎么着？

袁萌萌　年龄：9岁

身份： 奇妙小学三年二班新来的转校生，皮仔同桌，是编程小队的项目经理。

特征： 外号机器猫，超级学霸。

爱好： 学数学。

梦想： 成为超级编程发明家。

欧阳拓哉　年龄：9岁

身份： 奇妙小学三年二班文艺委员，编程小队文案担当。

特征： 外号造句大王，口才好，有文采，但有点话多。

爱好： 爱好广泛，啥都喜欢，尤其喜欢看各种各样的书。

陈默　年龄：9岁

身份： 奇妙小学三年二班学生，皮仔好朋友，编程小队代码助手。

特征： 害羞，不爱说话，被人欺负的老好人。外号漫画大王。

爱好： 喜欢奥特曼。漫画重度爱好者。

口头禅： 嗯……

李小慈　年龄：9岁

身份： 奇妙小学三年二班生活委员。学校教导主任的女儿，编程小队测试担当。

特征： 长相甜美，但说话带刺儿，外号李小刺儿。

爱好： 怼人。

杠上花　年龄：9岁

身份： 奇妙小学三年二班学生，编程小队设计担当。

特征： 喜欢抬杠，外号杠上花。但其实只是想证明自己。

爱好： 喜欢服装设计，爱看《时尚甜心》。

梦想： 成为一名服装设计师。

马达　年龄：9岁

身份： 奇妙小学三年二班转校生，编程小队代码担当。

特征： 隐藏的代码高手。时刻要求自己进步。

爱好： 吃螺蛳粉，喜欢天文、科技。

百里能　年龄：9岁

身份： 奇妙小学三年二班班长。

特征： 对自己要求非常严格。在同学中有威信。理性、严谨。经常在家做各种发明。明里暗里与袁萌萌较劲。

爱好： 弹钢琴、编程。

钱滚滚　年龄：9岁

身份： 奇妙小学三年二班同学，编程小队宣传担当。

特征： 天生对数字敏感。

爱好： 对什么都有一点点兴趣。

contents

目录

四号
发明家

01

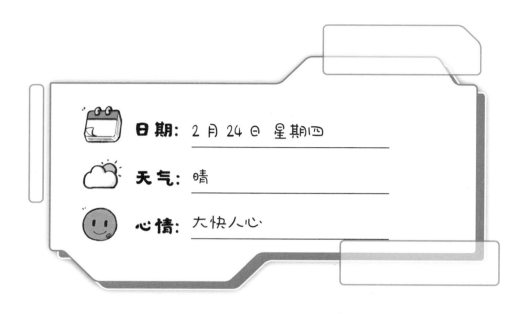

日 期：2 月 24 日 星期四

天 气：晴

心 情：大快人心

　　寒假总是如此短暂，转眼已经开学好几天了。可我还是没想明白，**编程的意义究竟是什么？什么才是发明家的使命？**哎呀，不懂不懂。不管了，编程课还是要上的，况且这学期还有超好玩的**机器人创客编程**在等着我呢。

　　那天下午放学后，我迫不及待地飞奔到编程教室，参加机器人创客编程的第一堂课。老师让我们用小颗粒积木做一个自己心目中最酷的机器人，然后四个人一组给机器人编写程序，进行机器人比赛！

袁萌萌、李小刺儿、陈默和我被分在一组。我很快就做好了我的机器人——捣蛋侠，袁萌萌也做好了她的，她给机器人起名叫哆啦Ａ梦，李小刺儿呢，她虽然也做了一个机器人，却迟迟想不出给机器人取个什么名字好，她说："我想要一个和我的风格很搭的名字！"

　　我听了忍不住笑出声："你是什么风格？怼人风？"

　　"讨厌！我现在都不怎么怼人了，不信你去问陈默。"

　　听李小刺儿这么一说，我才发现，陈默到现在还没来上课呢。奇怪，他最近怎么老迟到？

　　"陈默在搞什么，他不来做机器人，我们怎么跟别的组对战！"李小刺儿不满地撇撇嘴。

　　就在这时，陈默背着书包跑进了教室。李小刺儿埋怨道："你又迟到了！放学这么长时间，你去哪儿了？"

　　"唉，我不是每天放学都得做值日吗？"陈默垂头丧气地说。

李小刺儿一听，立刻坐直，问："每天做值日？我不是在值日表上分配得明明白白吗？每天都有不同的同学值日，为什么你要天天做？"

李小刺儿是我们班的生活委员，班里的值日都是她安排的。让她这么一说，陈默的脸"唰"地红了。"嗯，就是，他们不是，不是有事儿嘛，就叫我帮一下忙……"

"谁呀？你告诉我，这么不把我的安排放在眼里！"

"别问他了，"我说，"陈默这个老好人，谁做值日都想找他帮

忙，连老师需要擦黑板都直接找陈默。"

"那可不行！我非要治治这帮家伙！"李小刺儿一说这话，袁萌萌立刻表示赞同，两人窃窃私语起来，也不知道她俩在说什么。

这时，我转头一看，陈默的脸更红了。

第二天早上，李小刺儿刚进教室，就对陈默说："值日的事儿被我解决了！你就等着放学的时候大摇大摆地回家吧，再也没有同学敢让你替他做值日了！"

陈默听完，眼睛瞪得老大："这么厉害？那个……你做了什么？"

"不告诉你，等晚上看好戏吧！"

说完，李小刺儿和袁萌萌交换了个眼神，两人得意地笑了一下。真搞不懂这些女生！

放学的时候，钱滚滚大喊："陈默！我晚上要跟我妈去看电影，得早走，你替我扫地吧！"

陈默像平时一样答应了，可就在他走到教室的清洁角时，发生了一件震惊全班的事。陈默刚拿起扫把的一瞬间，一个刺耳的女声响了起来："别碰我！别碰我！"

陈默吃惊地张大嘴巴，扫帚"砰"一声掉在地上。

"陈默！你碰谁了？"钱滚滚问。

"没有呀！我就是碰了一下……扫帚……"

只见扫帚继续大声说："别碰我！别碰我！"

钱滚滚惊讶地说："真的是——扫帚？"

钱滚滚 快用我扫地！！

紧接着，那扫帚就像成了精似的，继续叫道："钱滚滚，快来用我扫地！钱滚滚，快来用我扫地！"

"啊呀！不得了！扫帚说话了！"钱滚滚吓得大喊。

没想到李小刺儿走过来，得意地说："这是我发明的**逃避值日警告机**！看你们以后谁还敢不听我的安排，不做值日！"

钱滚滚一听，说："我今天真有事，已经拜托陈默帮我了，他都答应了，不信你问他？我走了！"

这时，那扫帚忽然提高嗓门儿："钱滚滚快来扫地！钱！滚！滚！"

"啊——救命呀！怎样才能放过我！"钱滚滚无奈地大喊。

袁萌萌一抬眼，说："你就乖乖扫吧，不然后面还有更厉害的！"

"你说什么？"

"想不想尝尝最高分贝？"

李小刺儿话音刚落，扫把瞬间发出全宇宙都能听到的音量："钱滚滚快来扫地！"

声音穿透墙壁，飞出教室，连路过的外班同学也纷纷围了上来。大家都在说："钱滚滚是谁？他为什么不扫地？好吵啊！"

钱滚滚捂住耳朵冲出教室，一边跑一边喊救命。突然，他跟教导主任撞了个满怀："钱滚滚？你为什么不扫地？"

在教导主任严厉的目光下，钱滚滚再也撑不住了，瞬间变身一只矫捷的兔子，抓起扫帚，扫了起来。

这下，钱滚滚在我们学校可出名了！连放学的时候，传达室的大爷见了他都说："钱滚滚！你扫地了吗？"

哈哈哈，太逗了，传达室大爷这下可不止认识一个三年二班的学生了。以后，就让他忘记我吧，只记得三年二班的钱滚滚！

对了，还有一件更逗的事。李小刺儿发明的逃避值日警告机产生了联动效应，只要扫帚一喊谁没做值日，从同学到教导主任再到传达室大爷，都会自动变成复读机，跟着大喊"谁谁谁，快去做值日"。真是全校 360 度无死角监控！

那天以后，晚上的编程课陈默再也没迟到过，也再没有同学能想出逃避值日的方法了。这多亏了我们班的李小刺儿！

看着一旁正在认真做机器人的陈默，我突然好像明白了——做发明也可以是像李小刺儿这样帮助别人、带给别人温暖的。原来我可以自己选择成为什么样的发明家！我要做一个让人变得柔软，变得温暖的发明家！

今天晚上，我们组终于做好了 4 个机器人，开始了机器人对战，哦，对了，在开战之前，李小刺儿给她的机器人取了一个好名字——四号发明家！

超能发明大揭秘

有些人真是太不像话了，看着陈默好说话，总让他帮忙值日。以前我可能没有什么办法。但现在，我可是学了编程的！我要做一台值日提醒机，给那些想逃避值日的同学一个教训。

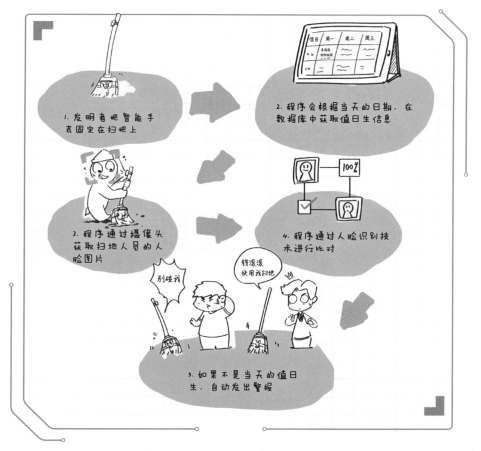

打开软件，程序会自动识别前来拿扫把的同学是不是当天的值日生。如果不是，程序会发出提醒，让当天的值日生赶快来打扫卫生。如果长时间没人来，程序会加大音量再次提醒，直到当天的值日生拿起扫把，才会停止！有了它，再也没人敢逃避值日啦！

　　在做值日提醒机的过程中，我突然想到了一个问题，会不会有人用照片来欺骗人脸识别程序呢？在查阅了许多资料后，我终于知道了答案！想用照片骗过人脸识别，是不可能的。

　　照片上的人是冷冰冰的，真实的人是有体温的。

　　照片上人的表情是固定的，真实的人表情是会变化的。

　　人脸识别程序通过摄像头识别的，不只是人的五官，还包括人的体温、脸上的表情变化、脸部的光线等。

表情有变化、面部光线合理……

 通过

表情无变化、面部光线不合理……

 不通过

　　这种能够判断是不是真实人脸的技术，叫活体检测。目前广泛应用在扫脸支付、手机解锁、银行安保、小区门禁等活动中。一些安保级别比较高的人脸识别系统还需要人转转头、眨眨眼、张张嘴、点点头。这都是为了确保摄像头前的是真正的人。

老爸
听我说

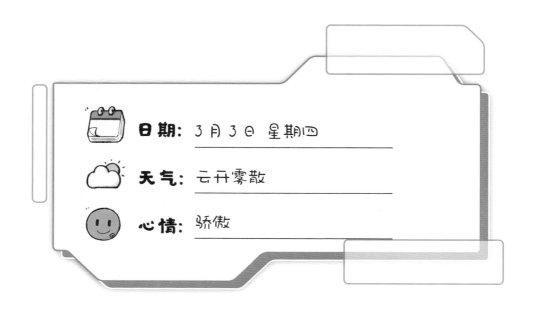

日 期： 3月3日 星期四

天 气： 云开雾散

心 情： 骄傲

　　周二那天，李小刺儿又跟吃了火药似的，一进教室，就不停地朝我们"发炮弹"。她一会儿说"欧阳，把你的爪子拿开，别碰我桌子"，一会儿又说"陈默，你坐过去点儿，别挨我这么近"。

　　我们都见怪不怪了，袁萌萌是转学过来的，还没见过李小刺儿发这么大火。她小声问我："皮仔，李小刺儿她没事儿吧？"

　　我跟袁萌萌解释了一下，说李小刺儿以前也爆发过，让她不要在意。

> 陈默，你坐过去点儿，别挨我这么近。

"你们不问问原因？"

"谁敢呀！"

"还是问一问吧。"

袁萌萌说完，陈默突然蹿出来："对对对，问一问吧！"

"陈默，你是她同桌，你怎么不问？"我故意调侃他。

陈默脸一红，说："我、我也不敢呀……"

那天午休，李小刺儿的火气总算降下来一些。在袁萌萌的带领下，我们趁机去跟李小刺儿搭话。不问不知道，一问真好笑，让横冲直撞的傲娇小公主李小刺儿这么生气的人，竟然是她老爸！

只听李小刺儿委屈地说："昨天升旗仪式的时候，我不是不小心吼了句'闭嘴'嘛，结果被我爸说了。"

我想起来了，李小刺儿昨天那一吼，真是惊天地泣鬼神。当时教导主任，也就是李小刺儿的老爸，正在强调校规校纪呢，每次升旗仪式他都要说这么一遍，我们都听烦了。就在我的耐心快要耗光的时候，最前排的李小刺儿突然吼了一句"你闭嘴"！

台上的教导主任和台下的我们全都惊呆了！我的第一反应是，总算有人说出我的心声了！第二反应就是，真不愧是李小刺儿啊，连自己的亲爸都敢怼！还当着全校师生的面儿！

"其实我那是在跟欧阳说话，他当时一直在我旁边碎碎念，我实在忍不住，就吼了他一句。"

"原来你不是想反抗教导主任啊？"我遗憾地摇摇头。

"当然不是，那可是我爸呀！"

不过，也别怪我误会李小刺儿，连教导主任自己都误会他女儿了。李小刺儿吼完"闭嘴"后，教导主任足足愣了好几秒，然后他狠狠地瞪了李小刺儿一眼，又严厉地批评了她，让她有什么意见可以私聊，不要哗众取宠、博人眼球，甚至还说她辱没家风！

李小刺儿委屈得不行："我是他女儿呀，你们说，他居然不分青红皂白就当着全校人的面点名批评我，这也太没面子了！"

"就是就是。"大家纷纷说。

"所以，我晚上回家，就想跟他解释一下。可我刚起个头，他就打断了我，还说我竟然当着全校师生的面让他难堪！我再想解释，他根本不听。"

"那你咋跟你爸解释的？"

"我就说，我不是对他吼，是对欧阳。结果他却说，欧阳都进年级前十了，我凭什么吼人家……反正，我说一句，他能回我十句，句句都是挑我的不是，我跟他说了半小时，也没把误会解释清楚。"

真没想到，李小刺儿在家还有这样的苦恼，怪不得她说话总是横冲直撞的，原来是在家里憋的！

下午上完编程课，我看见陈默一个人在桌子上涂涂画画。我走过去，问他在干什么。

"我在想有什么东西能让一个人耐心听另一个人说话。"陈默认真地说。

"让一个人耐心听另一个人说话？你是说李小刺儿和她老爸？"

陈默点点头，他希望能发明一个东西帮李小刺解决烦恼。

"你可以发明一个爸爸闭嘴机！每次李小刺儿说话的时候，她爸就只能听，不能说，一直到李小刺儿把话都说完了他才能张嘴，怎么样？"我提议。

"好主意，只是怎么让爸爸闭嘴呢？"

我尴尬地发现让教导主任闭嘴，这个难度确实有点大。

"如果不能让他闭嘴，那有什么方法能让他安静地听李小刺说话呢？"

这时候，袁萌萌突然插嘴："那除非听的是录音！"

"录音？那也行，可以让小慈把想说的录下来，给她爸听。"陈默若有所思。

"那……送他一只录音笔？"我提议道。

"不是录音笔，我有灵感了！是树洞！"一向沉默的陈默自信地说，"听过《驴耳朵国王》的故事吗？从前，有个国王长了一对驴耳朵，为了不让百姓们笑话，国王就严令他的理发师保守秘密。可理发师心里装着秘密十分难受，于是就在深山里找了个树洞，每次憋得难受的

时候，就跑到山里，对着树洞大喊：'国王长了一对驴耳朵！'等喊完的时候，他心里就舒服多了。"

"你的意思是要给李小刺儿挖一个树洞？这，也破坏树木呀！"我还是不太理解。

"不是挖一个树洞，是在她家做一个**电子树洞**。"

电子树洞？我还没明白呢，一旁的袁萌萌洞悉了陈默的想法，她解释道："陈默是想建一个能储存信息的网站，然后把网站地址生成二维码，让这个二维码来当小慈的树洞！每次她有心事又没人听的时候，就扫描二维码，把想说的话语音输入到网站里，她爸也可以通过扫描二维码来倾听她的心事。"

"哇，这个想法真棒！听起来又酷又温暖！"我点头称赞。

袁萌萌也称赞起来："陈默，没想到你还是这么有想法的人！"

"那是，李小刺儿是他同桌！"陈默忙对我说，"皮仔，你瞎说什么！你们都得帮我做！我一个人可写不了这么多代码！"

我拍拍他："那必须的。"

那天晚上，我收到了陈默发来的照片。照片上，是一个用树枝和鲜花做成的仿真树洞，树洞正中央贴着一张二维码，树洞下挂着一个小牌子——**老李家的心事树洞**。你别说，这个陈默，还挺细心的。

今天早上，到了学校，李小刺儿整个人眉开眼笑，神采飞扬，走起路来小鸟似的，轻盈极了。

钱滚滚打趣道："李小刺儿，你咋这么开心，捡到钱了？"

李小刺儿一点也不恼，脸上笑嘻嘻地说："我呀，比捡到钱还高兴！"

李小刺儿开心地把她的智能手表举到我和陈默面前，她点开开关，教导主任的声音传了出来："对不起呀小慈，爸爸那天太急躁了，一直没有给你解释的机会。爸爸现在知道了，你并不是故意唱反调。我不应该不分青红皂白，就在全校人面前点名批评你，抱歉。不过，你这个'老李家的心事树洞'做得真是不错！爸爸平时工作忙，没工夫及时跟你沟通，你可以把你的心事都放到树洞里，等周末的时候我们一起听。"

陈默听完，比李小刺儿还激动："太好了，我的发明起作用啦！"

"是呀。不过，要是我爸也能像听我的心事一样，听听我的心愿就好了！"

"心愿？什么心愿？"我忙问。

"太多了！我爸平时心思都扑在学校里，答应了我好多事都忘了完成。"

陈默想了想，说："这样啊……我有办法！"

"你又有办法了？"

一向沉默的陈默一笑："李小慈，下午的编程课你来找我，我得借你的声音用一用。"

"借我的声音？"李小刺儿疑惑地看看陈默，又看看我。我耸耸肩，表示也不知道。这个陈默，葫芦里卖的什么药呢？

终于等到了编程课，陈默不知从哪儿变出一支录音笔，举到李小刺儿跟前："李小慈，说出你的心愿！"

李小刺儿将信将疑地看了陈默一会儿，清清嗓子。

"我希望：爸爸下次回家的时候，给我带一块芝芝芒芒小蛋糕、陪我去电影院看一场《冰雪奇缘》、为我扎一次辫子、跟我说话的时候不要老看手机……"

李小刺儿越说越激动，当最后一
个愿望说完时，她的眼中已噙满泪花。
我赶紧转移话题："好啦，陈默，这
都快赶上 101 个愿望了。你打算用这
些录音做什么？"

陈默指着我的电脑说："现在，
帮我把这些语音生成二维码！"

"二维码？"我大概知道陈默
要做什么了。在我、袁萌萌还有李
小刺儿的齐心协力下，我们把李小刺儿的每一条语音心愿都
生成了一个二维码。陈默又到学校门口的打印店，把这些二维码全部
打印出来，剪成心形，递到李小刺儿的手里。

"李小慈，这是你的心愿便利贴。等你回家，就把它们贴在任何
你爸能看见的地方，只要他用手机一扫，就能听到你的心愿啦。"

李小刺儿的眼睛里瞬间亮起好多小星星，开心地说："陈默，这
也太好了吧！"

刚才，我正打算看侦探故事，突然接到陈默的电话："皮仔，你猜，李小慈现在在干什么？"

"我怎么知道她在干什么？"

"她在跟教导主任看电影，就是她最想看的《冰雪奇缘》！她刚刚打电话告诉我的！"

"真是太好了。"

看来，陈默的编程发明成功了。真好呀，一向沉默的陈默现在是我们班的第五位编程发明家啦！

超能发明大揭秘

上次李小慈用发明帮了我，这回她遇到了难事，我也得帮帮她！怎么样才能让李小慈和她爸能心平气和地沟通呢？嗯，也许做个家庭树洞会管用。让我来试试。

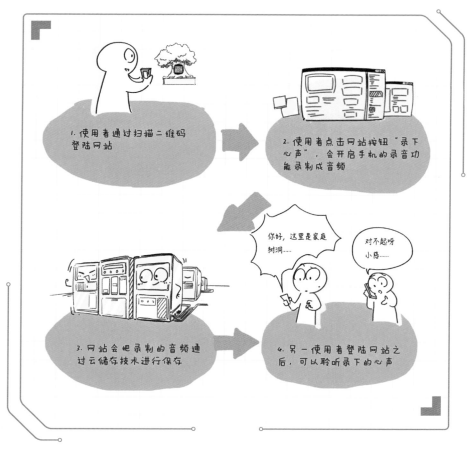

扫描二维码，打开网站之后，就可以选择你想听的语音，倾听他人的心里话。同样，你也可以说出自己的心里话储存在网站中，这样，当别人扫描二维码的时候，也可以听到你的心里话啦！这种沟通方式肯定很适合急脾气的李小慈和她老爸。

云储存

在做家庭树洞时，我把音频数据存储在了云端中，这运用到了云储存技术。

云储存技术是指将数据存储在远程服务器上，人们用互联网就可以访问这个空间。

我们可以把信息存储在位于世界任何地方的数据中心，有专门的云储存服务公司进行维护。方便我们查看、下载和管理内容。云储存在生活中随处可见。

云音乐

音乐与云储存技术的结合出现了云音乐，我们不用再下载音乐文件就可以听到音乐。

云课堂

课堂视频与云储存技术的结合出现了云课堂，老师将录制好的课程视频通过云储存，同学们再想去观看课程时，只需要登录云课程的网站，就可以在线观看。

云相册

相册与云储存技术的结合出现了云相册，将拍好的照片或视频进行云储存，这样再多的照片也不会占空间，还可以和家人朋友一起分享照片。

随着以云储存为代表的云技术的不断发展，我们的生活也变得越来越便利。你平时见过哪些云储存技术呢？

好的，妈妈

03

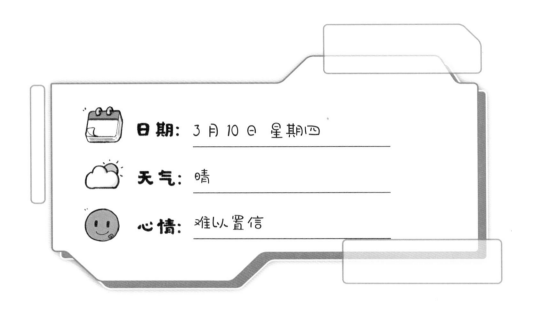

日期： 3月10日 星期四

天气： 晴

心情： 难以置信

最近，班里每个人都越来越开心，就连李小刺儿和教导主任也在家庭树洞的帮助下，关系变得好起来了！看来，编程真的能改变我们的生活呀！

不过，俗话说得好，有人欢喜有人愁。周一早上，我正在给同学们讲前一天晚上看的侦探故事，杠上花突然叹了口气。这可吓坏了大家。

一向沉默的陈默问："杠上花，从刚才开始你就一直唉声叹气的，到底怎么了？"

"一言难尽。"杠上花一边摇头一边说，"最近我妈妈不知道怎么了，越来越唠叨。"

众所周知，杠上花可是我们班出了名的杠头，就没有她抬不了的杠！而她那张杠人的嘴，正遗传了她妈妈。杠上花在她妈妈面前，简直是小巫见大巫！在她家里，杠上花妈妈的唠叨声可以说无处不在。

"我不是每周都做家务来赚零花钱吗？我妈妈每次都拖欠我工资不说，还一直絮叨我，说我不好好学习，天天琢磨怎么花钱！而且，明明每次我家务都做得特别好，可她非说我做得不到位。"

"一说还就噼里啪啦说个不停。"我和袁萌萌等人一起说。

"对！你们怎么知道的！"

"我们家也这样！"

一说起这个话题，大家都有说不完的话，瞬间七嘴八舌地讨论起来。李小刺儿吐槽她爸，也就是我们教导主任，在家和在学校一样，脾气差得不行，唠叨起来让人心烦。钱滚滚说，他妈妈总说他干啥啥不行，吃饭第一名！

当然，我妈妈也是！上次家长会的时候，我就说了句她属于比较型家长，她就唠叨了我整整两小时，听得我耳朵都起茧子了！

这时候，欧阳拓哉突然说："你们的妈妈再唠叨，还能唠叨得过我妈妈？"

一听这话，我们都倒吸一口气！欧阳拓哉是我们班话最多的男生了，而他的话多就遗传了他妈妈。欧阳拓哉有多唠叨，他妈妈就是他的十倍！想象一下，要是被这样的家长每天唠叨，不不不，只要一想起来，我鸡皮疙瘩都起来了！

"可是欧阳，你怎么看起来一点都不烦？"一向沉默的陈默问。

只见欧阳拓哉神秘兮兮地

当当当当！
父母应答机！

把手伸进书包，然后——"当当当当！**父母应答机！**"

"父母应答机？"

欧阳拓哉得意地说："没错！当程序识别出妈妈在唠叨的时候，它就会自动输出一段能够回应妈妈的话。这样就可以让程序来应付妈妈了！我呢，就耳根清净了！"

"这个好好玩儿呀！快给我们演示一下怎么应付的？"钱滚滚说。

只见欧阳拓哉把父母应答机对准钱滚滚："假装你现在就是你妈妈，请开始你的唠叨吧！"

钱滚滚入戏还挺快，马上模仿妈妈的声音，细声细气地说："你怎么还不去写作业！你怎么就知道玩！你怎么这么不让我省心！你可真是个熊孩子！你能不能给我省点儿心！"

我们忍住笑，等着父母应答机的反应，只听那机器模仿欧阳拓哉的声音说："好的，妈妈。我现在马上就去写作业！放心吧！"

"哇！好给力！"钱滚滚欢呼道，"反正我妈妈要是听我这么说，肯定就不唠叨了。"

我有些疑惑："欧阳，这是你的声音呀！不是钱滚滚的，钱滚滚的妈妈一听就能听出来！"

"别急呀！"欧阳拓哉不慌不忙地说，"这是我给自己设计的。你们要是用，当然得先收集你们的声音，再合成你们的语言。"

"太酷了！我要预订一个！"杠上花第一个说，"太期待啦！"

李小刺儿也说："好想看到我爸和应答机对话的样子呀！"

就这样，欧阳拓哉给李小刺儿和杠上花一人做了一个应答机。哈哈哈，我也好想看教导主任批评应答机的模样！

周二一早，我刚一进教室 就听见李小刺儿正四处找欧阳拓哉。她看起来十分着急，欧阳拓哉以为这下他要完蛋了："李小慈，有话好好说！"

"你说什么呢，欧阳？我是来感谢你的！昨天用了你的父母应答机，破天荒、头一次我爸没有数落我！"

"这么神吗？应答机连教导主任都对付得了？"我吃惊地问。

"昨天咱们不是发测验成绩嘛，我特紧张，生怕他拿我成绩说事儿，结果不出我所料！我一回家，他就开始说：'你看看你这次的成绩，怎么又没比过百里能？人家都能得那么高的分儿，你怎么就不能再努努力呢！'听得我耳朵都起茧子了！我一边听一边往房间走，然后关上门，打开父母应答机。真是太神奇了！那机器立刻学着我的声音说：'放心吧，爸爸！下次我一定会加油的！您就等着我的好成绩吧！我要抓紧时间复习功课啦！您可千万不要阻挡我进步啊！'"

　　我听了哈哈大笑："这机器真是比你爸还话多呀！"

　　"皮仔别打岔儿，后来呢？"欧阳拓哉说。

　　"后来，后来他就愣住了，我趴在门边，等他说下一句，等了半天，他愣是没说话！"李小刺儿开心地说。

　　没想到啊没想到，欧阳拓哉这么不靠谱的人还能做出这么靠谱的发明！

　　没一会儿，杠上花也走进教室，我赶紧跑过去问，父母应答机好用不？

　　"当然好用，实在是太好用了！"杠上花兴高采烈地说。

　　"那昨天你是怎么用的？"

"昨天是什么日子？昨天可是我心心念念的《时尚甜心》杂志上新的日子！我想一到家就看杂志，可我妈绝不会让我安心看的。不过，现在不一样了，我有父母应答机！一回家，我就进了自己的房间，把门一锁，

倒垃圾！

买糖

取快递！

买盐！

擦桌子

把应答机一开，然后戴上耳机，踏踏实实地看杂志。等我把整本杂志看完后，一看父母应答机，我的天哪，我妈一共叫了我二十五次，都让应答机给回应过去了。这机器还给了我一个清单，上面有我妈让我干的事，分别有去楼下倒垃圾、去楼下拿快递、去楼下买糖和去楼下买盐。我太感谢父母应答机了，要不是这机器，你数数，我得下多少

趟楼！多亏有这清单，我下一次楼就能都解决了！"

真神奇！我没想到父母应答机居然有这种效果！我跟我妈斗智斗勇这么久，都没成功过。这回，我也得试试。

欧阳拓哉用一晚上的时间给我也做了一个。今天放学后，我激动地带着我的专属父母应答机回了家。

一进门，我妈非常配合地开始了她的唠叨："怎么这么晚才回来？作业写了吗？网课上了吗？怎么这么不知道着急？"

很好很好，我妈正常水平发挥着她的唠叨，我不慌不忙地走进屋，打开了我的父母应答机。只听那机器说："马上开始写作业，计划两小时写完，现在需要安静的写作环境哦！"

好的，妈妈！没有问题，妈妈！

听见我自己的声音说出这样有条理又严谨的话，你别说，我还真有点不适应！紧接着，我使劲听我妈还要说什么？嘿？居然、居然不说了，安静了？正当我要夸这机器的时候，我妈还是补了一句："这可是你说的！我给你看着表！两小时哈！看你写完写不完！"

这时，父母应答机又出声了："好的，妈妈！没有问题，妈妈！"

这声音还挺自信，跟真的似的！我妈果然信了，愣是半天没出声。不过，随着时间一点点过去，我开始焦虑了。两小时一过，我写不完可怎么办？到时候，妈妈冲进来唠叨我，我也没法用父母应答机呀？没办法，我只好努力狂写！

我看着表，写完最后一个字，居然刚好两小时！我这边笔一停，我妈果然夺门而入："写完了吗？"

我把作业往她面前一推，她一看，大惊："居然写完了？让我看看，这还是我们家的皮仔吗？"

我大摇大摆地往她面前一站，说："正是我，大名鼎鼎的皮仔！"

我妈一脸疑惑，夸我今天态度好，作业写得快，还说什么如果我天天这样，她也不用这么操心了。

我还挺好奇的，问："老妈，如果我天天都这样，你会怎么样？"

"我？能干的事儿多了，我可以做点喜欢的事，比如约上朋友去做个美甲啥的。"

老妈一边说，一边看看自己的手："既然你作业都写完了，剩下的时间就自己安排吧，妈妈出去美个甲！"

说完，老妈简单收拾了一下，就出去了！天哪！我自由了，我解放了，我可以自己安排时间了！这父母应答机也太神了吧！我有了它岂不是天天都能过上这么神仙般的生活！

让我想想，刚才应答机都说什么了？我也学学，省得以后没电了，我再犯难。它好像说的是"两小时做完作业"。那个，原来要想让妈妈安静，只要说到做到，快快写完作业就行了！

欧阳拓哉的父母应答机可真不错。这是他学习编程后的第一个发明。明天上学，我要夸他一下。

我妈可真是太能唠叨了，一小时能来唠叨我十次，搞得我想专心看会儿书都不行。要是能有人替我应付父母的唠叨就好了。哎？不用找人替，我可以做一台妈妈应答机，来解决这个烦恼。

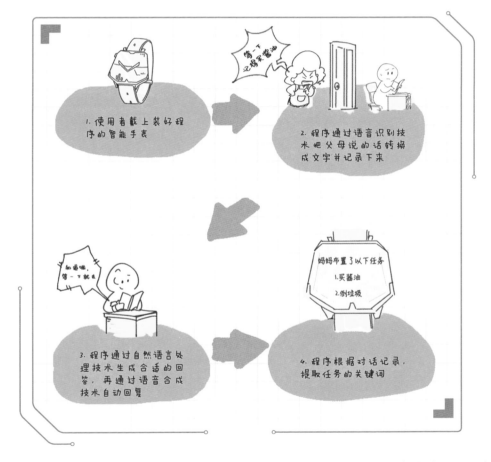

1. 使用者戴上装好程序的智能手表

2. 程序通过语音识别技术把父母说的话转换成文字并记录下来

3. 程序通过自然语言处理技术生成合适的回答，再通过语音合成技术自动回复

4. 程序根据对话记录，提取任务的关键词

妈妈布置了以下任务
1.买酱油
2.倒垃圾

打开这个软件，程序会自动识话里的唠叨关键词，并选出合适的回答，模拟你的声音播放出来。程序会记录每次对话的内容，把重要的事情列成清单方便查看！

父母应答机真的可以让父母认为是我——一个活生生的真人在做出回应吗? 答案是肯定的!

英国数学家、计算机科学家艾伦·图灵曾经针对一台机器是否具有人类智能,给出了检测方法。

一个人作为测试者,另一个人和机器作为被测试者,三者互相隔离,测试者通过键盘和屏幕等设备提问,被测试的人和机器各自给出回答。多次提问后,如果测试者不能根据回答内容区分出哪个是人,哪个是机器,那么这台机器就通过了测试,即被认为具有人类智能。这就是著名的图灵测试。

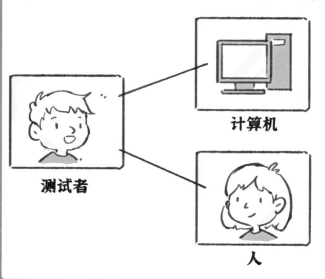

计算机

测试者

人

图灵测试至今仍然是判定一台机器是否具有人类智能的重要手段。在一代又一代科学家的努力下,已经有不止一台机器通过了图灵测试。

谁是
"数学之星"？

04

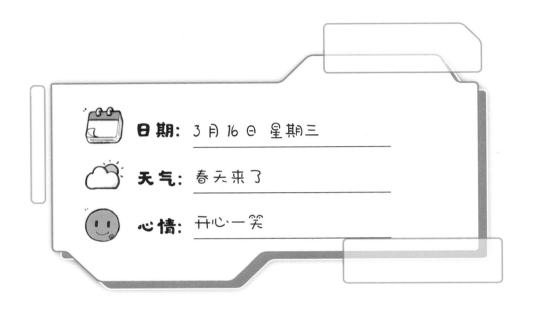

日期：3月16日 星期三

天气：春天来了

心情：开心一笑

　　周一，我们班又发生了一件大事！数学课临下课的时候，包老师突然神秘地对我们说："同学们，春天来了，'数学之星'的评选也来了。大家准备准备，一会儿投票选举。"

　　数学之星是什么？我们评过演讲之星、体育之星、校园之星，还真没评过"数学"之星，怪不得包老师这么兴奋。

　　包老师看到大家一脸疑惑，赶紧说："同学们，这次的数学之星跟以往的那些评选可不一样。当选者能去奇妙大学参观！"

奇妙大学！

我们都还没反应过来，袁萌萌立刻激动地尖叫："奇妙大学！就是那个没有老师只有学生的智能大学吗？"

"没有老师？"大家都吃惊地看向袁萌萌。

"对，全球最酷的大学！学校里没有老师，只有学生，所有的教学都通过人工智能进行。"

"这也太有趣了吧！"钱滚滚感叹，"没有老师，就不用上课，不用上课就不用考试！不用考试，那就是没大人管呀？我们可以在学校天天上体育课吗？"

"还能天天午休？"我说。

"哇！奇妙大学就是度假村呀！"

"你们说什么呢？越说越不靠谱！"袁萌萌翻了个白眼，"奇妙大学没有老师，是因为所有的教学都通过人工智能进行，上课不用点名，有人脸识别签到，期末不用考试，有大数据分析你的平时成绩。"

袁萌萌还没说完，百里能忙说："课堂不用提问，有智能音箱回答你的一切问题。"

"对，最酷的是全校的人工智能设备让你沉浸在声控一切的状态。"

果然他们学霸的关注点比较清奇，全班只有他俩越说越激动，而我们，还沉浸在没有老师的美好幻想里。看他俩那兴奋样儿，我们都觉得，没人跟你们争，你们去吧！

这时，包老师突然说："同学们，数学之星每个班只有一位，所以需要大家投票选出。如果大家准备好了，我们就开始投票啦！注意哦，评选标准是数学成绩优异且学习表现积极哦！"

包老师说完，我们就开始了不记名投票了。我的座位左边是班长百里能，右边是机器猫袁萌萌，他俩都想去参观奇妙大学，我投谁好呢？我正想着，袁萌萌突然盯着我，这，好好好，看在同桌的分上，我就投袁萌萌一票吧。

没一会儿，投票结束了，投票的结果是百里能当选为数学之星，而袁萌萌落选了。

袁萌萌失落地叹口气，就在我想着怎么安慰她的时候，马达突然

站起来，说："老师，我觉

得这个评选不公平。"

"不公平？怎么不公

平了？这第一条要求是成绩优异，百里

能的数学成绩一直是满分。"包老师说。

"可袁萌萌也是！"

还真是，袁萌萌的数学确实一直是满分。

"那第二条呢？百里能同学的课堂表现一直很积极，大家是有目

共睹的。"

李小刺儿说："是呀，班长上课最积极了！每堂课都会起来回答

问题。"

可马达却说，那是因为老师上课最爱叫百里能回答问题。但其实

其他人也举手了，只不过包老师叫得少。

听完马达的话，包老师愣住了，不确定地问大家："我，有、有吗？"

"有啊！"欧阳拓哉第一个说，"比如我吧！每次我都举手，您

就是不叫我！后来我也懒得举了。"

"所以——我认为，"马达继续说，"课堂表现不应该按课堂回

百里能：正正正丁 17票

袁萌萌：正正正 15票

答问题的次数评估，而应该按举手的次数，那样才能真实地反映每个人的课堂积极性。”

大家纷纷表示同意。真没想到，平时看起来粗心的马达心思这么细！如果重新评估课堂积极性的话，那袁萌萌不就有机会翻盘了吗？好个马达，这是在曲线救“袁”呀！于是，我也赶紧说：“没错，应该按照举手次数重新评估！”

包老师看班里乱成一团，只好说：“那就算按照举手次数重新评估，咱班这么多人，你们能准确地统计出每个人的举手次数吗？”

这回，我和马达几乎同时喊了出来：“能！”

“怎么能？”

我和马达对视了一眼，笑着说：“我们可以发明一款——**积极选拔机**！”

昨天，我一走进教室，就听见同学们都喊着：“给我安一个！给我安一个！”

原来，一晚上，马达已经把积极选拔机做出来了！我心想，行啊马达！短短时间，你从代码高手变成编程发明家了！让我看看你的积极选拔机长啥样。正想着，欧阳拓哉凑了过来，说：“把它装在智能手表里，以后上课，你每举一次手，你的手表就会自动计数一次，很方便吧？"

"还真是相当不错。"我一面觉得很佩服，一面又觉得有点酸酸的：这可是我一开始想做的发明呀，却被马达抢先了。不过转念一想，不管谁发明的，只要能帮助人就行。我也就不纠结了。

你别说，有了积极选拔机，大家上课真的和平时不一样了，就跟上公开课一样。每个人都把手举得高高的，生怕被积极选拔机给记漏了，前排那几个同学的手都恨不得要伸到包老师的眼睛里了。

袁萌萌更是不可能懈怠，只见她挺直身子，手举得比谁都规范。包老师一张嘴，她的手就已经蓄势待发地悬在了半空；包老师话音刚落，她的手就像升空的火箭一样迅速发射出去了。

好不容易等到午休，我们迫不及待地聚在一起，想见证新的数学之星的诞生。这一次，我觉得袁萌萌十拿九稳了。没想到的是，今天数学课上举手次数最多的人，竟然是杠、上、花！

大家都很意外，杠上花自己也挺意外的。

"原来，我才是数学课表现最积极的人啊！马达，谢谢你，是你让我当选了新一届的数学之星！"

"等会等会，谁说你当选啦！"百里能马上提出疑问，"今天包老师的全部提问次数，加起来也没杠上花举手的次数多啊？"

钱滚滚好奇地问："包老师的全——部提问次数？你怎么知道的？"

"因为老师每次提问我都有举手呀，而且我自己也一直数着次数呢。"

"那杠上花怎么多了那么多举手次数？"

我？

在大家的质疑声中，马达调出了杠上花的举手记录。

"8点41分，杠上花第一次举手。"

"8点41分？！那个时候刚上第一节课，包老师还没开始讲课呢，杠上花你举什么手？"李小刺儿问。

"我？"杠上花努力回想。

"我知道！"欧阳拓哉突然说，他是杠上花的同桌，"第一节课杠上花迟到了，她举手打报告。"

"8 点 45 分，杠上花第二次举手。"

李小刺又说："8 点 45 分？才开课 5 分钟，包老师有提问吗？"

"没有吧，"一向沉默的陈默回忆道，"包老师习惯先把课讲完。"

"没错，包老师没提问，是杠上花举手想打小报告，说我跟皮仔上课说话，传小字条！"欧阳拓哉再次说，"不过被我制止了，嘻嘻！皮仔放心。"

"8 点 49 分，杠上花第三次举手。"

欧阳拓哉接着说："因为她觉得教科书说得不对，兔子和鸡不可能被关在同一个笼子里，它们肯定会打架！"

大家大笑起来，马达看着数据，继续说："8 点 54 分，杠上花第四次举手。"

"那是因为她觉得啄木鸟一天不可能吃下 645 只害虫！"

"8 点 58 分，杠上花第五次举手。"

"因为她觉得百里能说得不对，没有考虑下雨的情况。"

"9 点 04 分，杠上花第六次举手……"

"她又想打小报告说我看课外书！"

"9点07分，杠上花第七次举手……"

"那是她想打我！因为我的胳膊肘越界了……"

"9点11分，杠上花第七次举手……"

"那是她想上厕所！"

好家伙，今天的数学课，杠上花一共举了18次手！但没有一次是为了回答问题！我突然有点理解，为什么杠上花那么爱举手，包老师却不爱叫她了。

更让我和马达沮丧的是，这举手次数根本不能真实反映课堂积极性呀。看来马达发明的积极选拔机只能宣告失败。

正当我们思考问题出在哪儿的时候，包老师走了进来，他认为既然积极选拔机也选不出真正积极的同学，就维持原来的评选结果，由百里能当选为数学之星。

但是马达不同意，他举手示意，得到包老师的允许后，站起来说："老师！我们之前都被您误导了。课堂表现积极就等同于学习积极吗？"

包老师点点头："这倒是个好问题。"

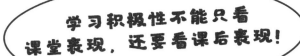

学习积极性不能只看课堂表现，还要看课后表现！

马达接着说："一堂数学课才 45 分钟，就算一个人整整 45 分钟都全情投入，那也才 45 分钟而已。但是在课外呢？在课后呢？在没人看见的时候，没人看见的地方呢？那些没被看到的努力和学习，不比课堂表现更能反映一个人的学习自觉性和积极性吗？"

"有道理，"陈默说，"我就喜欢一个人默默学习。"

李小刺儿也说："在别人看不见的地方还能保持学习的劲头真的更厉害！"

"所以，我认为，学习积极性不能只看课堂表现，还要看课后表现！据我所知，袁萌萌不仅课上学习非常积极，课后学习也十分积极。"马达目光坚定地说。

包老师觉得同学们说的有道理，但她也有自己的疑惑："既然是课后，外人又看不到，这怎么证明？"

"其实是可以的。"马达表情严肃地说。

别说我们其他人了，连袁萌萌本人都摸不着头脑。马达却看起来胸有成竹。

包老师想了想，说："行！反正距离提交数学之星名单的日子还有一天，那我们就拭目以待马达同学的证据吧。"

今天，我的智能手表突然收到一封邮件。我点开一看，原来是一封**学期读书报告**的邮件。仔细一看，好家伙，这个报告把本学期我在学校图书馆的借书记录和浏览记录都整理出来了！这学期，我一共借了 35 本书！《世界奇异故事大全》《中国奇异故事》《每晚一个奇异故事》《在黑暗中说的奇异故事》《奇异连篇》……我真不愧是奇异故事大王！

我回头一看，欧阳拓哉也收到了邮件。

"欧阳，你都看了什么书？"

欧阳拓哉把手表递给我看，只见他这学期一共借了109本书！包括有《相声大全》《笑到肚子疼》《搞笑我是认真的》《说学逗唱100问》……怪不得欧阳拓哉口才这么好，原来他看的是这些书啊！

不过，要说看书最多的，还得数袁萌萌，她的阅读报告上写的是——237 本！

　　这时，马达突然说："袁萌萌这学期一共看了 237 本书，其中跟思维训练相关的书有 81 本，袁萌萌的数学阅读量位居本学期班级第一！"

看到马达侃侃而谈的样子，我忽然反应过来，原来这个读书报告是他弄的呀！也就是说，他用读书报告来证明袁萌萌的课外表现！确实很有说服力！我怎么没想到呢？

包老师没有智能手表，不过听到马达的话，她也忍不住凑到钱滚滚身边，抬起他的智能手表一看，说："《从前有个数》《三只小猪和七巧板》《专注力训练游戏》《魔法数学》……呀！这些不都是我平时推荐的课外读物吗？所以我推荐的书，袁萌萌你都一本本找来看了呀？"

袁萌萌害羞地点点头。我还是第一次见她这么腼腆。

包老师十分高兴，在全班同学面前表扬了袁萌萌，夸她不仅在课堂上积极发言，在别人看不见的地方，还愿意花时间去学习数学，看和数学有关的书。

"我认为，这才是真正的数学之星！你们说呢？"

"同意！"

我和马达都为袁萌萌高兴。这时，欧阳拓哉突然叫了起来："这是谁的书单？《怎么吃都健康》《健康减肥的100种方法》《16小时轻断食》《健康减肥小妙招》……"

包老师眨眨眼："这些……怎么这么耳熟？这？这？这是我借的书？啊——停！别念了！"

哈哈哈，包老师真是太有意思了。全班同学都笑了起来。

超能发明大揭秘

班级选拔"数学之星"，数学课表现最积极的人可以当选。要怎么评判哪位同学最积极呢？有了，我可以做一台积极选拔机，用来统计在课上的举手次数，来看谁最积极。

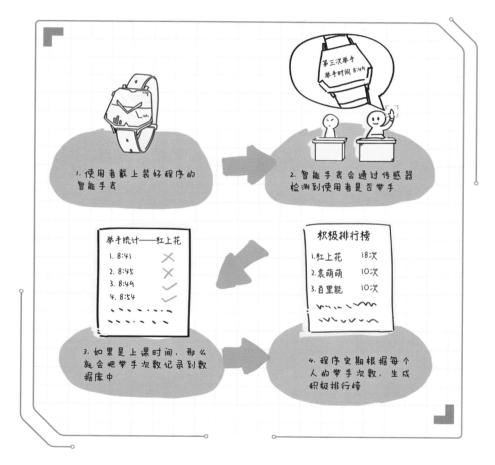

打开软件，程序会在上课时间自动检测到你做出了"举手，放下"这一套完整的动作，并记录下举手的时间。最后根据每个人的举手次数，程序会自动给大家排序，这样，谁最积极，就一目了然啦！

这次做积极选拔机，我用到了智能手表中的重力传感器，它可以检测每个同学的举手动作，帮助我们统计大家的举手次数。

传感器是一种用来采集环境数据的设备。重力感应器能利用地球重力场感知手表的姿态，如直立、水平、横向……这样当我们做出举手动作时，它就能很轻松地检测到。

传感器可以是智能机器的眼睛、耳朵、鼻子。生活中有很多不同的传感器，它被广泛应用在了各个领域。

智能台灯

　　使用光线传感器，根据检测到的环境光线强度，自动调节灯光。

声控灯

　　使用声音传感器，检测周围的声音，当声音达到一定分贝时，自动打开。

电梯

　　电梯门里内置了红外传感器，检测电梯门之间有没有东西，当有物体挡住时，电梯会打开电梯门防止被夹。

智能垃圾桶

　　在垃圾桶上方挥挥手，垃圾桶的盖子就会自动打开，放入垃圾后，桶盖自动关闭，非常方便。

一辆普通汽车上，可能就有上百个传感器，一辆飞机可以有超过 3000个传感器。你还见过哪些传感器，它们有什么作用呢？

特长的诞生

05

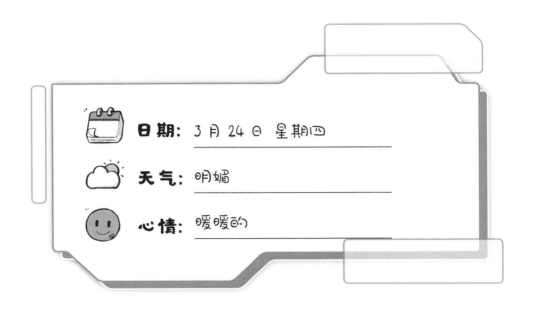

日期：3月24日 星期四

天气：明媚

心情：暖暖的

奇妙、奇妙、真奇妙！我竟然无意中发现了自己的隐秘特长！说起这事儿，还得感谢杠上花。

上周五的班会课，蔚蓝蔚蓝的老师突然发给我们一张调查问卷。问卷是关于学校社团的。这学期，学校打算新成立一些社团，所以老师们想先了解一下大家的特长。

钱滚滚瞪着他圆滚滚的眼睛，有点迷茫："特长？什么是'特长'呀？"

特长？什么是"特长"呀？

"我知道！"欧阳拓哉搞怪地说，"'特长'就是你身上特别长的地方！比如钱滚滚，你的汗毛就特长。李小刺儿，她的头发就特长……"

"什么乱七八糟的！"李小刺儿不满地说，"真无知！特长就是你特别擅长的，能比别人做得更好的事情，比如我吧，我的特长就是跳芭蕾舞。"

"啊！那我岂不是没特长了。"钱滚滚沮丧地说。

陈默也小声地说："那我好像也找不出特长。"

我想了想，除了讲奇异故事，我好像也没什么特长。不过，有没有可能成立奇异故事社团呢？

这时，杠上花突然说："哈哈，我有特长！我的特长就是——踢、毽、子！"

"踢毽子？"

欧阳拓哉笑着说："你的特长不是举手吗？积极选拔机都证明过了。"

杠上花瞪了欧阳拓哉一眼，说："那算什么特长！我昨天一口气连续踢了 25 个毽子，打败了我们小区好几个人！厉害吧？"

我平时不怎么爱踢毽子，不太了解他们踢毽子界的事儿。不过看杠上花那个兴奋劲儿，估计是个很不错的成绩。我刚想手动给她点个赞，李小刺儿把嘴一撇，说："25 个？还好吧，我正常发挥的话，能踢三十几个。"

"三——十几个？不可能！你吹牛吧？我表姐都踢不了那么多！"杠上花一点也不信。

"骗人是小狗！"

"那咱们比试比试！"

说完，大家跑到楼道里，看杠上花和李小刺儿比赛。

李小刺儿一口气真踢了 35 个！接下来轮到杠上花了，她吸了一口大气，开踢！没想到，杠上花刚踢到 27 个就坏了，败给了李小刺儿。

杠上花一撇嘴说："一定是今天吃得太饱，影响我的发挥！"

整个周末，大家都把这事忘了。周一早上，杠上花自己带了个毽子来学校。不过这个毽子有点儿特别，毽子的屁股上贴着一张二维码。

　　大家都挺好奇的。杠上花把二维码举到我们面前，神气地说："这是我发明的**战果记录机**！"

　　"发明？杠上花，你也要当编程发明家了？"钱滚滚问。

　　"大家都是一个编程班的，凭什么你们能发明，我就不能？"

　　"干什么用的？"

　　"你们用智能手表扫扫看就知道了！"

　　大家的胃口都被吊了起来，纷纷打开智能手表，去扫毽子上的二维码。

　　钱滚滚一看，上面写着：

踢毽子战果记录

杠上花：29 个

杠上花：3/ 个

杠上花：35 个

杠上花：39 个

杠上花：43 个

"这是我这几天的踢毽子战果记录！我已经能一口气连续踢 43 个了！记得没错的话，李小刺儿你那天才踢了 35 个吧？"

哦，原来是这么个战果呀！我听明白了。可李小刺儿一听，不服气地说："哼，那是那天！今天踢多少还不一定呢。"

说着，她就拿起毽子踢了起来。没想到，李小刺儿一发狠，竟然踢出了 59 个的新纪录！

杠上花惊得脸都白了！这还没完，其他人也跃跃欲试，要挑战踢毽子。钱滚滚一把拿起毽子。我的天，他竟然踢了 61 个，超越了李小刺儿！连他自己都不相信！

大家一看连钱滚滚都能踢这么多，都来试。结果，我的同桌袁萌萌竟然创下了踢毽子的最高纪录，99 个！谁也没想到——连袁萌萌自己都没有想到，一向以脑力取胜的她居然成了班里的毽子女王！

袁萌萌惊喜地说："原来我还有踢毽子的特长！太好了，我要回去告诉我爸，看他还说不说我头脑发达，四肢简单了！"

杠上花当场就跟泄了气的皮球似的，眼睛里写满哀怨。是啊，99 个，这简直甩了她两条大街！

本来，我以为事情就这么结束了。可是没有，毕竟"杠上花"这个名号不是白叫的。

　　第二天，杠上花带着一个呼啦圈来教室，只见她把呼啦圈往课桌上一拍，豪迈地问："有没有人挑战一口气摇呼啦圈？"

　　我拿智能手表一扫。呼啦圈战果记录显示，杠上花一口气摇了102 圈的呼啦圈，真是厉害。这下，杠上花又恢复了她神气的样子："怎么样？有人要挑战吗？"

呼啦圈战果

杠上花：102 个

李小刺儿站了出来，她把呼啦圈往身上一套，足足转了 222 个都没掉！我的天哪！

杠上花太意外了！没想到自己擅长的呼啦圈又遇到了对手！不过，你以为事情就这么结束了？并没有！

周三，我来到学校，路过操场的时候，差点儿以为自己眼花了。操场的器械上，什么单杠啦、双杠啊、皮球啊、跳绳啦、太空漫步机啦、仰卧起坐机啦，全都贴上了二维码！

出于好奇，我随便扫了一下单杠上的二维码。只见上面写着：

马达竟然能做 5 个引体向上！我感到手心痒痒，前臂上的肌肉蠢蠢欲动起来。趁还有时间，我也伸出胳膊，攀上单杠。不知道是不是

引体向上战果

马达：5个
皮仔：5个

　　　　　　　早饭吃得不够，我做到第 3 个引

体向上就已经胳膊打颤，坚持不下去了。

　　午休的时候，我再次路过单杠，突然又感到手心痒痒，前臂上的

肌肉蠢蠢欲动。于是，我再次伸出胳膊，攀了上去。这一回，我居然

坚持到了第 5 个！耶！我进步了！我也能做 5 个引体向上啦！我跟

马达打平啦！我就知道上午是没吃饱！我赶紧把这个成绩输入战果记

录机。

然而放学后，当我再次扫开单杠上的二维码时，却赫然发现，马达竟然创造了新纪录，这回是 7 个引体向上！

至此，我就像着了魔似的，开始频繁光顾学校的单杠。早上进教室前、课间十分钟、午休的时候，只要一有空，我就会鬼使神差地跑到单杠旁，做几个引体向上。

我从来没有遇到过马达，但战果记录机显示，他显然也频频光顾这里。我俩就像当初的杠上花和李小刺儿一样，在引体向上的路上你追我赶，无声较量。

终于，今天下午的体育课上，我以 17 个引体向上的纪录再次超过了马达。马达主动找到我，对我竖起了大拇指："皮仔，我觉得，你的特长可以写引体向上！"

我激动地说："我、我的特长？引体向上也可以变成我的特长？"

"当然，战果记录机就是最好的证明！"

我看着战果记录机上自己一路的战果变化，不禁感慨万分。是呀，谁能想到，几天前还只会讲故事的我，现在竟然可以一口气做 17 个引体向上！你别说，杠上花这个发明，还真挺激励人的！

这个星期，同学们陆续都找到了自己的特长。我们开始根据每个人的特长称呼彼此。袁萌萌成了"踢毽子大王"、李小刺儿是"呼啦圈大王"、陈默是"铅球大王"、欧阳拓哉是"乐高大王"、马达是"魔方大王"，而我呢，自然是"引体向上大王"啦。

但是，有那么两个人，他们还不是大王。那就是钱滚滚和杠上花。因为战果记录机显示，他俩参与的所有项目里，都没有拿到第一。

不过，杠上花好像一点都没气馁，体育课后，她拿着一袋奶油瓜子，对我们说："我又想到一个项目，谁想挑战一分钟嗑瓜子！"

大家都很吃惊，纷纷问什么叫一分钟嗑瓜子？

"就是一分钟看谁能嗑出最多的瓜子仁儿！"

你猜怎么着？我仔细一看，那瓜子的包装袋上赫然贴着一张二维码！我突然有点佩服杠上花了。

"我现在的最高纪录是一分钟嗑 65 个瓜子。你们谁想挑战一下？"杠上花接着说。

"我！我想挑战！别的不行，吃我还不行嘛！"钱滚滚举着手凑了过来。

就这样，两人开始比赛。比赛很激烈，只见他俩可劲地嗑着。钱滚滚居然挺厉害的，能一次嗑好几个。没一会儿，他就赢得了胜利。

输了比赛的杠上花不甘心："我还有！钱滚滚，咱们比吸勺子怎么样？用嘴吸勺子，看谁吸得最久！"

"没问题！"

他俩把勺子往嘴和鼻子之间一

我！我想挑战！别的不行，吃我还不行嘛！

放，俩人都不呼吸，看谁坚持的时间长。眼看杠上花的脸越憋越红，越憋越鼓，终于，她放弃了。

就在这时，杠上花又从书包里拿出一把老头乐，那上面竟然也贴了二维码。

"来！咱们比，看谁不怕痒！敢不敢？"

这也能拿来比？现在我真的佩服杠上花了，当然，翻白眼的那种佩服。不过钱滚滚倒是很积极地应战了。紧接着，他俩让我们拿老头乐挠他们，俩人都使劲儿憋着笑。最后，杠上花忍啊忍，扑哧一声，先乐了出来。

"耶！我是挠痒痒大王！我是吸勺子大王！我是嗑瓜子大王！"钱滚滚得意地说。可没想到，他话音一落，杠上花居然放声大哭了起来。所有人都吓了一跳。

"为什么！为什么只有我没有特长！"

李小刺儿安慰道："谁说你没有特长？你的特长就是发现大家的特长呀！"

"对——呀！"我赶忙说，"要不是因为你的战果记录机，我能当上'引体向上大王'吗？"

"是呀，没有你我也发现不了我还有踢毽子的特长！"

"都是你的战果记录机让我们发现了特长！"

杠上花听完，蒙蒙地望着大家："那我也有特长？我该怎么写？"

"特长激发机？"

"特长探测器更好！"

"啊？原来我是个机器啊！"

大家都看着杠上花笑了起来。

只要我不断练习，我一定能成为全班踢毽子最厉害的人！可是，要怎么证明我能踢得比所有人都多呢？对了，我也可以用学到的编程知识做一个发明，就叫战果记录机！

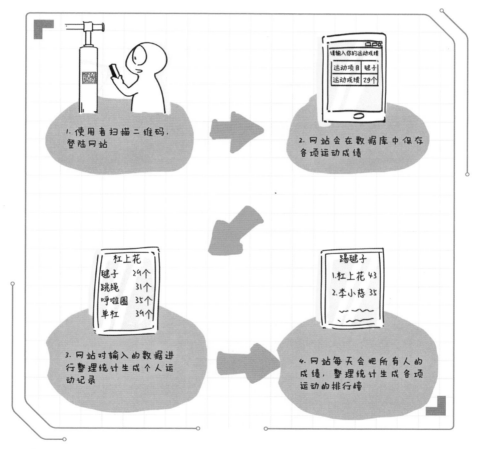

1.使用者扫描二维码，登陆网站

请输入你的运动成绩
| 运动项目 | 毽子 |
| 运动成绩 | 29个 |

2.网站会在数据库中保存各项运动成绩

杠上花
毽子 29个
跳绳 31个
呼啦圈 35个
单杠 39个

3.网站对输入的数据进行整理统计生成个人运动记录

踢毽子
1.杠上花 43
2.李小蓓 35

4.网站每天会把所有人的成绩，整理统计生成各项运动的排行榜

扫描二维码就可以登录网站，并在自己参与挑战的运动项目上记录下成绩，程序会按照大家的成绩从高到低进行排名，排在第一位的就是这项运动的大神！

二维码真是个好东西，这次的战果记录机，它可是帮了大忙。不知道从什么时候开始，我们的生活中到处都是二维码，购物支付用二维码、餐厅点餐用二维码、添加好友也可以用二维码……二维码到底是个什么东西呢？

计算机是使用二进制，即用 0 和 1 来表示数据的。而二维码就充分利用这种特性，按一定规律使用若干个与二进制相对应的几何图形来表示文字、符号、数值等信息。在扫描二维码时，就可以获取其中的信息了。

使用二维码来存储数据有很多好处：

可存储信息容量大；

编码范围广，数字、字母、汉字等都可以进行编码保存；

耐用，二维码即使因穿孔、污损等引起局部损坏，照样可以正确得到识读，损毁面积达 30％仍可恢复信息；

成本低，易制作；

还可以引入加密措施，只有使用指定的软件才可以读取内容。

二维码让我们的生活变得便利，是技术改变生活的一大典范。你还发现了二维码在生活中别的用法吗？

智斗杠上妈

06

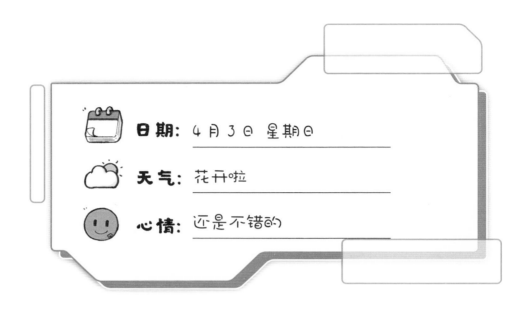

日 期：4月3日 星期日

天 气：花开啦

心 情：还是不错的

　　最近大家都开始做起了发明，这都得归功于我。按理说，杠上花之前发明了那么棒的东西，应该很高兴才对，可我们都觉得她那几天不开心。直到周一快放学的时候，我们才知道是怎么回事儿。

　　那天，蔚蓝蔚蓝的老师说，我们这个月的读书清单已经更新了，还是让大家自愿订喜欢的课外杂志。我订了最喜欢的《世界奇异故事》，马达订了《探索天文奥秘》，钱滚滚订了《美食地图》……只有杠上花什么都没订，她说没有特别喜欢的杂志。

李小刺儿第一个说："不对呀，上个月你还订了《时尚甜心》呢，你还说你特别喜欢看，每期都买！"

杠上花看看李小刺儿，没有说话。袁萌萌走过来，问："你最近怎么啦？怎么连你最喜欢的杂志都不买了？"

杠上花又看了看袁萌萌，依旧吞吞吐吐的。这可把我们急死了。要说还得是钱滚滚，一下就抓住了重点："你不会是没有零花钱了吧？这几天凡是需要花钱的活动，你都不参与。"

被钱滚滚这么一提醒，大家都反应过来了。在我们的追问下，杠上花终于说出了她的烦恼："上周末呀，本来是我领零花钱的日子。可我妈却不承认我上周做过家务！那我就告诉她，我每天都做了什么，结果她非得让我证明！可家务做过了就是做过了，这也没有记录，可怎么证明？等我再想跟她说的时候，她就把我赶去写作业了。"

原来是这样！还记得欧阳拓哉发明父母应答机的时候，杠上花就跟我们说过，杠上妈经常在零花钱的问题上耍赖，还经常用这个唠叨她，只要她一解释，杠上妈就说她抬杠，然后就更唠叨了！

"哎，我妈经常这样，"杠上花继续说，"要不就忘记我做过什么家务，要不就不承认我做了家务，我的零花钱真是越来越难挣了。"

"可我记得《时尚甜心》没有多少钱呀，你一点儿零花钱都没有了吗？"李小刺儿问。

"我，我还要买很多绘画工具的。"杠上花皱着眉头，为难地说，"我最喜欢画画了，我的梦想就是以后能当一名服装设计师，所以我才那么喜欢《时尚甜心》，本来想这个月书单下来，我就买最新的一期，可是……唉。"

杠上花不停地叹气，说着说着，她直接哭了起来。没想到杠上花看起来大大咧咧的，心里居然有一个这么大的梦想。我们决定，一定要帮帮杠上花，于是一堆人凑在一起开启了头脑风暴！

"我觉得，应该发明个**不给钱就捣乱机**！就像我那个愤怒的扫把一样！"李小刺儿第一个说。

"不行不行，要是那样的话，我妈更生气了，以后再也不给我零花钱了怎么办！"

"那就发明个**零花钱自动提取机**，"欧阳拓哉说，"等到领零花钱的日子，零花钱就自动从妈妈的钱包里，飞到了我的钱包里！"

袁萌萌听完，不屑地说："你还真以为我们都是哆啦A梦啊，这又不是奇幻电影！"

就在大家都束手无策的时候，钱滚滚突然一拍桌子站了起来："这事儿我有办法！就交给我吧！"

这可让我们大吃一惊！钱滚滚在班里一直都是干啥啥不行，花钱第一名，这次居然自告奋勇主动要做发明帮助杠上花，你们说，他到底会怎么帮杠上花呢？还真是令人期待呀！

周二，钱滚滚带着他的编程发明——**赖账终结机**来了，他说有了这个，杠上花的问题一定能解决！

大家都很好奇，要怎么解决。于是钱滚滚给我们演示了起来。

"我把杠上花每天要做的家务和对应的零花钱都输进程序里，只要她做完家务打个卡，程序就能自动统计零花钱了！"

袁萌萌竖起大拇指："可以呀钱

滚滚，编程课刚学完数据统计，这么快你就能学以致用啦！"

"您夸奖了，小意思！"

话说钱滚滚可从来没听到过袁萌萌对他的表扬，他得意地鼻孔都扬到天上去了！不过，最高兴的还是杠上花了，她带着赖账终结机蹦蹦跳跳地回家了。

我们都以为有了这个神器，杠上花肯定能讨回她的零用钱，没想到，第二天早上她却垂头丧气地走进教室。

"杠上花，你怎么这个表情？赖账终结机不好用吗？"钱滚滚问。

"别提了，有了赖账终结机，我妈倒是承认我做过家务了。可她居然跟我说我的家务做得不到位！她说我扫地扫得不干净，桌子擦得不干净，结果我的零花钱生生被扣了一半！"

"不——是——吧！"我朝杠上花投去同情的目光。不愧是杠上妈，这抬杠的水平真是比杠上花还一流呀！我们得想个办法让杠上妈没办法抵赖才行。

这时，袁萌萌想到一个办法："我们可以在程序中添加一个验收程序。就好像线上购物的那个——确认收货！"

"对对！这个好，只要买家点了确认收货，商家就能收到货款了。我爸的公司给别人付钱的时候，都是先验货后付钱的！交给我吧，这次一定没问题！"钱滚滚信誓旦旦地说。

钱滚滚的爸爸是个商人，可会做生意了，钱滚滚还真是继承了他的经商头脑呀！你别说，这回钱滚滚的速度是真快。当天晚上，就升级了赖账终结机，这个2.0版能提供检查结果，看杠上妈还怎么赖账！

为了不让杠上妈挑出毛病，周四放学，我们几个人跟杠上花一起去她家。这次，杠上花把家打扫得干干净净，地板恨不得能当镜子用！

没多久，杠上妈回来了，一进门就跟杠上花说："家务做得怎么样？"

"上终结机！"杠上花霸气地说。

只见钱滚滚把赖账终结机递给杠上妈。杠上花一边给她的妈妈演示，一边说："看这里，拍照验收功能，今天的家务不但做好了，还拍了照，验收过了。请过目！"

我们都得意地等着杠上妈掏钱结账，没想到她晃晃悠悠地在屋里转了两圈说："土虽然没有，但摆得不整齐！摆得就算整齐，你既然这么快就能干这么多活，这说明你长大了，长大了就要按长大的标准制定新的零花钱标准。你又不是小孩子了，怎么能干那么一点点活

就要零用钱呢？以后，就按家务翻倍的量结算零用钱吧！"

最怕空气突然安静！我们一听杠上妈这么说，集体傻眼！居然还能这么玩儿？陈默没忍住，叹了口气说："姜还是老的辣，

杠还是抬的高！”

以前我们搞发明，一般迭代到 2.0 版就能解决了，可杠上花的零用钱问题，钱滚滚搞了两个版本都没搞定。看着杠上花委屈的样子，我们可真想帮帮她呀。

杠上花送我们下楼的时候，钱滚滚说："杠上花，别烦啦，你到底想买啥？我帮你买了得了！"

"我想买画画的工具和《时尚甜心》杂志，我想当时尚设计师，参加暑假的设计夏令营。"

"你妈知道吗？"袁萌萌突然问。

"不知道！"

"你们说，要是杠上花的妈妈知道她是用来追求梦想，会不会改变态度？"李小刺儿想了想，说。

"有可能，"欧阳拓哉点点头，"你看她每次都说，小孩要那么多钱干吗？显然是不知道你要干吗！得让她知道知道！"

这时，钱滚滚突然大叫一声："我有一个能让她改变主意的方法！"

正当我们都好奇是啥方法的时候，钱滚滚又宣布，他要回家搞个

3.0版本，明天让杠上花试一试，说准保管用！

　　第二天一早，钱滚滚进了教室就直奔杠上花，给她安装了最新版的赖账终结机，还跟她说这次准保灵！我们都想一看究竟，于是放了学，又都跟着杠上花去她家了。这次，等杠上妈一回来，杠上花就说："今天的家务完成了！看吧，赖账终结机！"

　　我还以为这次杠上妈会继续发扬她的风格，再冒出什么我们没听过的理由拒绝给零花钱。没想到的是，杠上妈拿过赖账终结机后，看了看，竟然抬起头来，痛快地说："妈这就给你拿钱去，等着！"

　　说完，她就转身回屋，再出来的时候，手里真的有一沓钱。她把钱递给杠上花说："你有当设计师的梦想怎么早不跟妈说？我告诉你，你这是遗传我！我小时候就爱画画，我审美特好，特高级，我告诉你，妈妈搭配的衣服，从来都有回头率。"

　　我们看杠上妈越说越高兴，都低头笑了起来，她可能意识到了，把话锋一转，又转到零用钱上了：

有梦想
就要去追呀！

085

"有梦想就要去追啊！给，这是你这次的零花钱，这些，是以前克扣你的，以前不知道你是为了追梦嘛！早知道你这么有理想，不乱花，妈妈肯定支持你！"

杠上妈的话我们听了都很感动，更别说杠上花了，她眼泪汪汪地盯着杠上妈，说："你是怎么知道的？"

杠上妈指着赖账终结机说："那上面不是写了吗，每一项零花钱的花费目标。有了这个，妈就知道你的零花钱去向了，知道你为什么想要钱。放心，妈妈不是抠门儿的人！有意义的事，绝对挺你！"

哇！太感人了，连我都想扑到杠上妈的怀里！

那天之后，赖账终结机在我们班广为流行，大家都给智能手表安装了一个。虽然每家的零花钱规则不一样，但我们都想让父母知道，我们为什么想要零花钱，用来干什么，想得到他们的支持。你还别说，钱滚滚的这个发明，还真对得起这个名字，赖账，真的被终结啦！

超能发明大揭秘

听杠上花说，她妈妈最近总是克扣她的零花钱，怎么能这样！那些钱可是杠上花实现梦想的希望呢。论赚钱，谁都不如我钱滚滚，这回就让我来做个赖账终结机，帮杠上花要回自己的零花钱。

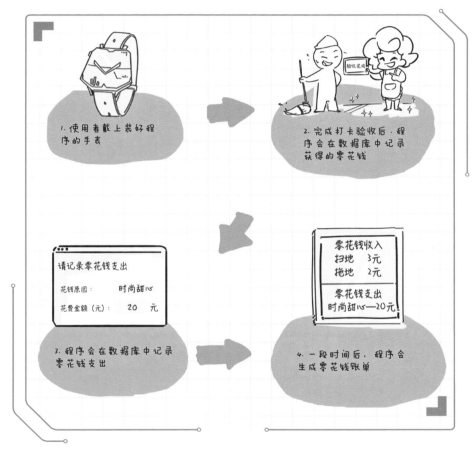

1. 使用者戴上装好程序的手表

2. 完成打卡验收后，程序会在数据库中记录获得的零花钱

3. 程序会在数据库中记录零花钱支出

请记录零花钱支出

花钱原因： 时尚甜心

花费金额（元）： 20 元

零花钱收入
扫地 3元
拖地 2元

零花钱支出
时尚甜心—20元

4. 一段时间后，程序会生成零花钱账单

打开软件，每做完一个家务，就可以在程序中输入家务名称，并且拍照上传。程序会自动记录本次做家务的时间、有没有验收打卡，应得多少零花钱等信息。一段时间后，程序还会帮你记录零花钱用途，时刻提醒你攒钱的目标！

你们知道为什么我做的赖账终结机可以准确统计出零花钱的数额吗？那是因为我用到了变量！

变量就是会变化的数值，比如，你有一个放糖果的盒子，你每天都会吃几颗，那么盒子里剩下的糖果数量是不断在变化的。

程序中的变量就像存储东西的容器一样，储存的数据也是可以变化的。

变量可以是某个数字也可以是某个字符，且它们都是可以变化的。

我们的生活中，也充满了变量。

比赛记分

体育比赛时，比赛的计分系统就是靠变量来实现分数的数值变化。

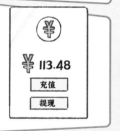

支付软件

支付软件中，我们的钱包也是一个可以变化的量，当我们花钱后，数量就会减少，当我们收到红包时，零钱就会增加，零钱数值的变化，就是靠变量实现的。

线上测试计分

玩知识竞赛游戏时，回答正确会加分，回答错误会扣分，双方分数的数值变化，也是通过变量来实现的。

你还能举出哪些变量的例子吗？

集合啦，编程小队

07

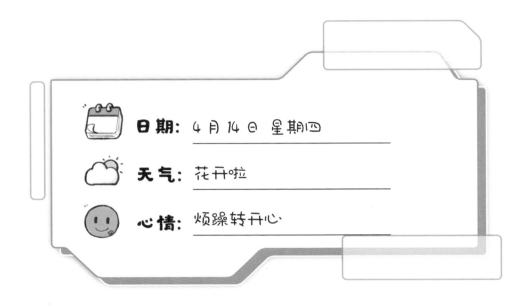

日期：4月14日 星期四

天气：花开啦

心情：烦躁转开心

上周，我们三年二班编程小队遭受到了重创！成员从八人变成了——两人。唉，事情之所以会变成这样，还得从李小刺儿的退出宣言说起。

那天快放学的时候，我们要一起去参加小组活动。李小刺儿突然宣布，她要退出编程小队，以后小队的活动她都不参加了！

大家被李小刺儿突如其来的发言吓了一跳。编程小队的成员纷纷围上来问。可李小刺儿头一扭，噘着嘴不说话，也不知道是谁得罪了她。

坐在她旁边的陈默用蚊子哼一样的声音嘟囔：
"还是去吧，之前不都说好了吗？"

"说不去就不去！"李小刺儿说完，背上书包，头也不回地走了！这到底是怎么了？太奇怪了！

一向沉默的陈默问："你们谁欺负她了？"

大家都摇摇头，真是连道歉都不知道从哪儿说起！要是有个**道歉机**能告诉我们李小刺儿为什么生气就好了！有了，为啥不发明一个呢？

我把我的想法告诉给陈默，他也觉得不错。可是，咋发明呢？我俩想了想，不约而同地去找代码高手马达。

没想到，马达一愣，说："道歉还用机器？那还要嘴干什么？"

欧阳拓哉也说："就是！女生就是这么爱生气！咱们小队刚成立还啥都没干呢，就开始闹脾气！"

欧阳拓哉这话，一下子惹怒了袁萌萌和杠上花两个。他赶紧解释："我说的是女生！你们又不是女生，你们是女汉子，女生中的战斗机，跟她们不一样！"

"女生怎么了？"袁萌萌和杠上花更生气了，"我们也退出！不跟你们组队了！"说完，她俩起身走了！

这是个什么情况？欧阳拓哉也不明白："我夸她们呢！她们怎么生气了？非得说她们像爱生气的河豚李小刺儿一样她们才高兴？"

"欧阳！你说完了没有！"陈默也不高兴了。

"你又是生的哪门子气？"

"我……我宣布！以后有你的小队我都不参加！"陈默说完，背起书包走了。

我……我宣布！以后有你的小队我都不参加！

这回，我也气不打一处来："欧阳，干什么把大家一个个的都得罪了！挺好的一个编程小队，都让你毁了！"

"你说我毁了编程小队？我做错了什么？马达，我说错了吗？"

"还好吧，你一向如此，今天正常发挥。"

"你、你居然这么说我！你们太过分

了！"欧阳拓哉说完，气哼哼地摔门而出。

好好的一个编程小队活动日，怎么搞成这样！身旁的马达看了看我说："我刚才的话是不是太过分了？"

我点点头。马达继续说："我主要是替袁萌萌和杠上花打抱不平，女孩子被人说爱发脾气能不生气嘛！这个欧阳真是口不择言。"

"不过，我刚说完他，你又说他，他是受不了。"我想了想，继续对马达说，"要不，我们出去找找欧阳，看他在干什么？"

马达点点头，我俩一起出了教室。看见欧阳拓哉一个人蹲在走廊尽头。

我俩朝欧阳拓哉走去，没想到刚走到他身边，他就说："别跟我说话！你们说什么我都不会原谅你们的！"

说完他头也不回地跑了。完了，这回欧阳拓哉真生气了！我和马达没有办法，只好先各自回家。

当时，我的心情可不好了。一场鬼使神差的吵架让我们的编程小队四分五裂。我还从来没被一个人永远也不原谅过呢！一想到这句话，我就感到不安！永远也不原谅我，听上去跟永远恨我一样啊！不行，我得解决这件事！

第二天上学，我赶紧和马达商量，打算发明一个道歉机！我这个道歉机和别人的可不一样，是让生气的人写出自己哪儿生气了，想要什么样的道歉。这样，想道歉的人才能成功道歉，获得原谅。

我这主意一出，马达连声叫好，说我的想法能实现，就是写起来代码太多，需要袁萌萌的帮忙。就这样，我俩一起去找了袁萌萌。

袁萌萌听完经过，吃惊地说："什么？你俩又把欧阳弄生气了？还要发明个机器哄他？我不参加！就该让他多气一会儿！"

我一听，赶紧说："那你就更得参加！你帮我们把这个机器做出来，就可以在机器里写出你为什么生气，欧阳哪句话把你惹毛了，不然，你不说他永远都不知道！还得有下次！"

袁萌萌一听我这话，似乎马上意识到了这机器的妙处："原来这是一个错哪机呀！是应该发明个机器教训教训欧阳！行吧,我加入！"

我和马达刚要高兴，她又补充了一句："不过，除了写代码，界面设计也很重要，代码写完了谁帮咱们做设计？"

"杠上花呀！"我脱口而出。

袁萌萌和马达看看我，瞬间明白了我的意思，就是这么默契。我们一起去找杠上花。她听完我们的劝说后，说："现在你们知道我的重要性了吧！缺了我不行吧！"

就这样，我们四个人很快做出了道歉机。袁萌萌问："做虽然是做好了，可谁来帮我们测试呢？"

我马上想到了一个好主意："咱们可以去找李小刺儿呀！"

袁萌萌摇摇头，她担心李小刺儿不能同意。

"不是找她帮忙，是让她当第一个用户，我们本来不是也要知道她为什么退出小队吗？正好用她来测试一下。"

"对！不过你们男生别去了，你们去了她肯定更生气，这个，还得我们女生去！"杠上花说完，和袁萌萌一起去找李小刺儿了。

也不知道她们三个女生嘀嘀咕咕说了些什么，只听嘀一声，我的智能手表响了，我一看，是李小刺的生气原因：

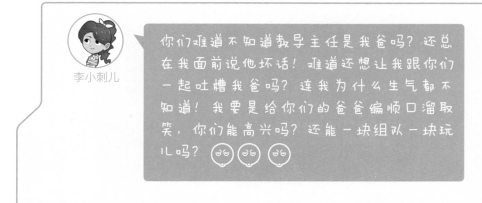

李小刺儿

你们难道不知道教导主任是我爸吗？还总在我面前说他坏话！难道还想让我跟你们一起吐槽我爸吗？连我为什么生气都不知道！我要是给你们的爸爸编顺口溜取笑，你们能高兴吗？还能一块组队一块玩儿吗？😔😔😔

原来是因为这个呀！可李小刺儿平时也老在我们面前吐槽她爸呀。不过我们说和她说肯定还是不一样的，我大概能理解李小刺儿生气的原因了。"马达，要不咱们去道歉吧？"

马达点点头，我俩一起去找李小刺儿，并且跟她真诚地道了歉。李小刺儿其实挺大方的，她说："这次就原谅你们，下不为例！"

"皮仔，没想到你的道歉机挺管用！"袁萌萌边说，边和我兴奋地击了个掌。

李小刺儿笑着说："对啦，下次编程小队的活动是什么时候？我归队！"

听了这话，我们几个人都愣住了。李小刺儿还不知道编程小队散伙儿的事。大家你看看我，我看看你，谁也不知道怎么开口。最后还是袁萌萌趴在她耳边悄悄地

告诉了她事情的原委。

"没想到我这一生气，居然让大家吵得这么厉害，我还挺有影响力的。这样吧！我来帮编程小队重组！"

"怎么重组？"我好奇地问。

"别忘了，咱们现在有道歉机了！"李小刺儿信心满满地说，"只要一个个找到他们，让他们把自己生气的原因输入进去，然后大家就知道他们想要什么样的道歉，你们不就都能获得原谅，咱们编程小队不就能重组了吗？放心吧！一切包在我身上！"

今天一进教室，我就看见李小刺儿在给欧阳拓哉戴智能手表。我一猜就知道，一定是李小刺儿把道歉机装进了他的手表里，果不其然，不一会的工夫，欧阳拓哉的手表就响了："什么？你竟然是因为我们给教导主任编顺口溜生气？"

李小刺儿怒气冲冲地看着欧阳拓哉，他马上换了个语气说："好吧，算我不对，以后我不说你爸了。"

"这还差不多！"

李小刺儿话音刚落，手表又响了，只听欧阳拓哉说："啊？杠上花生气的点真是清奇！居然因为我说她是女汉子就生气了，难道她不是吗？"

　　说完这句，欧阳拓哉才意识到，杠上花就坐在他旁边呢，杠上花转过头瞪着欧阳拓哉。

　　欧阳拓哉赶忙改口道："知道了、知道了！杠上花是时尚甜心、潮流先锋，是未来的设计之光！"

　　紧接着，手表又传来一个消息："天呀，我一句话居然得罪了两个人，而且得罪的点还不一样！袁萌萌生气的原因竟然是我贬低了女性？"

　　欧阳拓哉话没说完，三个女生齐齐望向他。欧阳拓哉马上改口：

"对不起，我没有别的意思！你们别误会。"

　　接着，欧阳拓哉的手表收到了最后一个消息。欧阳拓哉看完消息，走到陈默旁边，趴在他的耳朵旁也不知道说了句什么。陈默没有说话，只是朝欧阳点了点头，应该是原谅了他。

我一看，欧阳拓哉都道完歉了，我和马达也应该跟他道歉。于是，我给李小刺儿使了个眼色，她马上心领神会，说："欧阳，我跟你说，这个道歉机不只能用来道歉，还可以用来接受道歉，把你生皮仔气的原因输进去吧！"

"谁要跟他们和好！"欧阳拓哉虽然嘴上这么说，可他还是打开了道歉机。

看完消息，欧阳拓哉陷入沉思，然后他抬头对我们说："我的嘴真的那么……"

我和马达彼此对看一眼，说："我们知道你是无心的，你就是嘴快，也没有恶意。"

"原来是这样，那、那我给大家道歉了。"欧阳拓哉真诚地说。

"没事没事，那可以回归编程小队了吗？"

"当然！真可惜，没有加入这个机器的发明过程！"

"谁说的，你可是这个发明的需求担当！要不是你，我都想不到要发明这个！"我笑着说，"马达是架构担当，袁萌萌是代码担当，杠上花是设计担当，李小刺儿是测试担当，陈默是用户担当！”

"对，我们编程小队的每个成员都为这次发明贡献了自己的力量。"马达总结道。

欧阳拓哉笑了起来，说："看来，这回没有我生气还真发明不出这个东西呀！等等，不对呀！不是应该马达和皮仔向我道歉吗？怎么最后还是我道歉！"

哈哈哈，欧阳拓哉可真逗！我们三年二班编程小队终于集合啦！编程小队，加油！

超能发明大揭秘

警报！编程小队面临解散危机！大家这次吵架，吵得简直莫名其妙。不知道是谁得罪了李小刺儿，也不知道欧阳拓哉为什么生我的气，真是一团乱。想道歉，总得知道原因吧。有了，让我做一个道歉机，让大家重归于好。

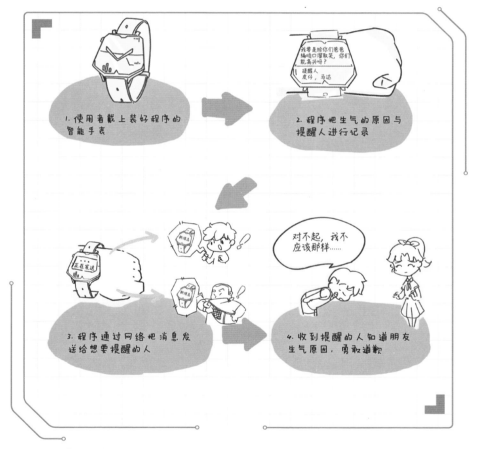

如果有人惹你生气，你就可以打开软件，输入你生气的原因，并选择需要提醒的人，这样那个人就会知道你为什么生气啦！反过来，如果你惹别人生气了，你也会在智能手表上接收到他生气的原因，这样就能做到精准道歉，快速和好！

互联网通信

多亏了有互联网让我们互相发送消息，道歉机才能这么成功。

互联网是一个巨大的全球网络，连接着数十亿的人和设备。拉近了人与人之间的距离，让我们随时随地能和远方的好友交谈。

在聊天软件中，我们可以直接选择对应的好友进行聊天，信息可以瞬间发送过去，也可以瞬间收到他发过来的信息。

但消息并不是直接"飞"到朋友的手机上的，它们都是经历了很长的一个过程，才能发送到对方的手机上。

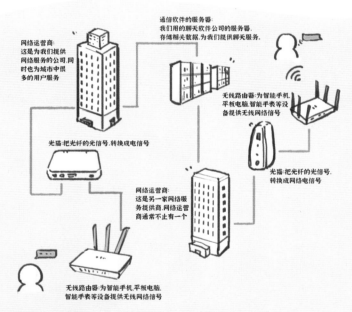

网络运营商：
这是为我们提供
网络服务的公司,同
时也为城市中很
多的用户服务

通信软件的服务器：
我们用的聊天软件公司的服务器,
存储相关数据,为我们提供聊天服务。

无线路由器：为智能手机,
平板电脑,智能手表等设
备提供无线网络信号

光猫：把光纤的光信号,转换成电信号

光猫：把光纤的光信号,
转换成网络电信号

网络运营商：
这是另一家网络服
务提供商,网络运营
商通常不止有一个

无线路由器：为智能手机,平板电脑,
智能手表等设备提供无线网络信号

一个消息的发送过程，需要经过如下几个步骤：

1. 首先信息数据需要依次经过无线路由器、光猫，发送给网络运营商

2. 通过运营商将信息数据发送到聊天软件公司的服务器

3. 服务器找到目标联系人之后，发送信号给对方的网络运营商

4. 网络运营商依次用光猫、无线路由器将信息数据发送到对方手机上

过程看起来是有点复杂，但其实速度非常快，也就是我们眨眨眼的瞬间就可以完成，这就是科技的力量。

袁萌萌的"小秘密"

最喜欢的"课"

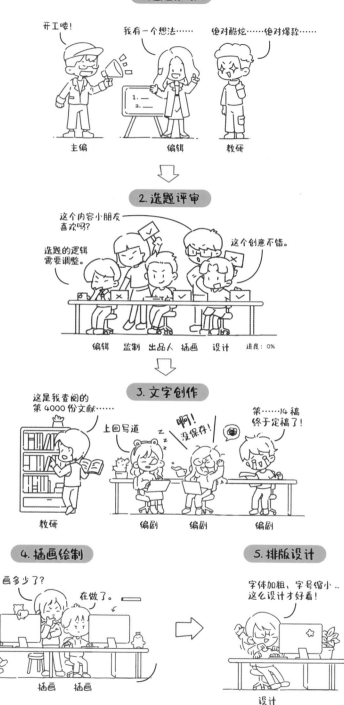

6. 内容审核

额，这个地方需要大改了。

一个知识错误都不能放过！

这段文字写的真好！

主编　编辑　编辑

7. 内容终审

定稿之前还能再改改。

期待小朋友能喜欢！

出品人　监制

8. 图文定稿

完成啦!

你以为这就完成了吗？
当然不是，书稿还要交给出版方——果麦和出版社
请继续往下看

9. 出版编校

文稿、插画、设计、纸、印制、营销……

这个可以再改改……

cmyk值再调一下

这本书的营销要分1、2、3……

产品经理　产品总监　技术编辑　营销经理

10. 完成啦!

完成啦!

好了，这就是你看到的这套书!
（再见）

超能编程队 3 集合啦，编程小队

总 策 划	李 翊
监 制	黄雨欣
内 容 主 编	黄振鹏
执 行 策 划	刘 绚
故 事 编 写	涂洁 刘绚 王 岚 杨 洋
插 画	高子晞 孙 超 李子健 白 羽 范雪慧
编 程 教 研	蔡键铭 陈 月 王一博 王浩岑
产 品 经 理	于仲慧
产 品 总 监	韩栋娟
装 帧 设 计	付禹霖
特 约 设 计	小 一
技 术 编 辑	丁占旭
执 行 印 制	刘世乐
出 品 人	刘 方

图书在版编目（CIP）数据

超能编程队. 3，集合啦，编程小队 / 猿编程童书著
. —— 昆明 ： 云南美术出版社，2022.7
ISBN 978-7-5489-4978-7

Ⅰ. ①超… Ⅱ. ①猿… Ⅲ. ①程序设计－青少年读物
Ⅳ. ①TP311.1-49

中国版本图书馆CIP数据核字(2022)第097501号

责任编辑：梁　媛　洪　娜
责任校对：赵　婧　温德辉　黎　琳
装帧设计：付禹霖

超能编程队. 3, 集合啦，编程小队
猿编程童书 著

出版发行：云南出版集团
　　　　　云南美术出版社（昆明市环城西路609号）
制版印刷：天津市豪迈印务有限公司
开　　本：710mm x 960mm　1/16
印　　张：7.5
字　　数：210千字
印　　数：1-12,000
版　　次：2022年7月第1版
印　　次：2022年7月第1次印刷
书　　号：ISBN 978-7-5489-4978-7
定　　价：39.80元